AF311665

NOTICE

SUR

LES RESSOURCES MINÉRALES

DU BRÉSIL

NOTICE

SUR LES

RESSOURCES MINÉRALES

DU BRÉSIL

PAR

JOSEPH DE CARAPEBUS

Élève de l'École supérieure des Mines

———

PARIS

IMPRIMERIE GÉNÉRALE A. LAHURE

9, RUE DE FLEURUS, 9

—

1884

NOTICE SUR LES
RESSOURCES MINÉRALES
DU BRÉSIL

APERÇU SUR LA CONSTITUTION GÉOLOGIQUE DU BRÉSIL

Les côtes du Brésil sont constituées par les gneiss granitiques qui forment une bande d'une soixantaine de lieues de largeur jusqu'à la serra de Montequeira.

Ces gneiss peuvent être divisés en deux étages, à la base la roche est constituée par un gneiss porphyroïdal avec leptynite et pegmatite; au-dessus, la roche passe à un gneiss

à grains fins avec amphibolites et diorites. A
la limite occidentale de cette bande les gneiss
décomposés ont donné naissance à des terres
rouges argileuses, plus ou moins colorées,
qui s'étendent sur une centaine de kilo-
mètres.

Puis, en s'éloignant toujours de la côte on
rencontre des schistes, à toucher onctueux,
ayant toutes les apparences de talcschistes,
mais qui sont des micaschistes.

Ces roches schisteuses présentent diverses
colorations, parmi lesquelles on distingue le
vert, le jaune, le rouge, le noir, etc., et
contiennent des couches importantes d'argiles
colorées, sur l'origine desquelles on n'est pas
encore fixé.

On peut établir dans ces roches deux sub-
divisions; à la partie inférieure la schistosité
est peu développée et l'on remarque des
écailles brillantes analogues au mica, mais
qui en diffèrent par leur moindre élasticité et
leur composition chimique; à la partie supérieure ces roches passent à de véritables

schistes qu'on peut même en certains points exploiter pour ardoises.

Ces schistes sont recouverts par des masses considérables de quartz, à l'état grenu, paraissant provenir, suivant toute probabilité, de la décomposition de silicates.

Ces quartzites, à grains plus ou moins gros, contiennent souvent une matière verte, ayant l'aspect du talc ou du mica vert et présentant une structure schisteuse, plus ou moins marquée, qui permet de les diviser en grandes dalles minces.

Cette matière verte, molle, onctueuse au toucher, se laisse rayer à l'ongle et est fusible au chalumeau au rouge blanc en donnant un émail blanc sur les bords.

Elle présente, d'après M. Gorceix, directeur de l'École des Mines d'Ouro-Preto, la composition suivante :

	1ᵉʳ échantillon.	2ᵉ échantillon.	3ᵉ échantillon.
Silice................	63.4	61.5	46.4
Sesquioxyde de fer...	3.6	3.1	2.0
Alumine.............	21.7	22.6	37.8
A reporter..	88.7	87.2	86.2

	1ᵉʳ échantillon.	2ᵉ échantillon.	3ᵉ échantillon.
Report......	88.7	87.2	86.2
Sesquioxyde de chrome...............	0.4	0.0	traces.
Magnésie...	1.3	2.8	1.4
Oxyde de manganèse.	traces.	0.0	traces.
Potasse.	4.5	3.2	7.0
Soude..............	0.7	3.2	1.4
Eau...............	3.9	4.1	4.4
	99.5	100.5	100.4

On voit, par ces analyses, que la composition de cette substance est variable et qu'elle ne doit pas être confondue avec le talc.

Ces roches sont désignées au Brésil sous le nom d'Itacolumites, parce qu'elles constituent le pic d'Itacolumy.

Les itacolumites et les schistes sont généralement en couches alternantes, avec une direction nord-sud et un plongement vers l'est.

Au-dessus des Itacolumites, les quartzites changent d'aspect; au mica succède le fer oligiste, soit en paillettes hexagonales, soit sous forme de martite, c'est-à-dire en octaèdres, régulièrement disséminés dans la roche. Les grès à oligistes portent le nom d'Itabirites.

Ces couches sont recouvertes par de véritables grès quartzeux, grenus et très peu micacés, à peine inclinés et beaucoup moins disloqués que les couches qu'ils recouvrent.

Enfin le système est couronné par des conglomérats, qui sont de véritables poudingues à galets roulés, dont les couches horizontales se rencontrent surtout dans le voisinage des ruisseaux.

L'ensemble de ces terrains paraît devoir être rapporté au système cambrien, et les roches constituantes présentent un caractère de schistosité très marqué, parallèlement aux plans qui séparent les assises de diverses natures.

Les terrains, que nous venons de décrire et qui recouvrent des étendues considérables, se rencontrent particulièrement dans la province de Minas-Geraes.

Dans la partie sud du Brésil, dans la province de Sâo-Pedro do Rio-Grande do Sul, les gneiss sont remplacés par des granites à gros éléments, présentant l'aspect porphyroïde et passant à de véritables porphyres, à pâte très siliceuse, en prenant une structure de plus en plus porphyroïde.

Souvent le mica, dans les granites porphyroïdes, est remplacé, en partie ou en totalité, par de petits cristaux d'amphibole hornblende, la roche se transformant en véritable syénite; puis les porphyres, imprégnés d'amphibole, passent à une roche verte ayant l'apparence extérieure d'un mélaphyre.

Le terrain carbonifère peut être observé à Uxitaba et à Itajubá, où il est caractérisé par les fréquentes intercalations de grès et de calcaires marins fossilifères au milieu de schistes houillers. La faune des calcaires marins renferme des *Phillipsia*, des *Athyris subtiluta*, des *Spirifer canneratus*, des *Productus semireticularis*, et présente, par suite, la plus grande analogie avec le carbonifère du Missouri. Quant à la flore, elle est représentée par des *Calamites*, des *Lepidodendron* et des *Sigillaria*.

Après avoir donné cet aperçu sommaire sur la constitution géologique du Brésil, nous allons examiner les divers gisements minéraux qu'on y rencontre et les caractères particuliers qu'ils présentent.

GISEMENTS DIAMANTIFÈRES

Les diamants se rencontrent surtout dans les graviers des ruisseaux. Les sables diamantifères présentent un aspect particulier et sont connus sous le nom de *Cascalho*.

Le cascalho, constitué par une masse de petits cailloux roulés mêlés à très peu d'argile, se rencontre non seulement dans le lit des cours d'eau, mais aussi en couches sur les plateaux et dans les gorges des montagnes. Les rives, profondément découpées des ruisseaux diamantifères, témoignent de la puissance extraordinaire, avec laquelle ils ont creusé leur lit; mais, si aujourd'hui le travail de l'érosion a rendu tout débordement impossible, il n'en était pas de même au début et les ruisseaux coulant à la surface du sol, les inondations étaient fréquentes. C'est alors que le diamant a pu se déposer en des points inaccessibles aux plus hautes crues d'aujourd'hui.

La puissance d'érosion extraordinaire des sables diamantifères est mise en évidence par l'existence, dans le lit des ruisseaux de « Caldeirôes » ou cavités circulaires, dont le creusement est dû aux frottements des graviers sur la roche, sous l'influence de mouvements tourbillonnaires produits par les eaux.

Les graviers, contenus dans les caldeirôes, sont très riches en diamant, par suite de l'enrichissement naturel qui s'est opéré, les diamants ayant usé les cailloux en mouvement avec eux, jusqu'à les réduire en une poussière fine, qui a été ensuite entraînée par les eaux.

Le cascalho, qui est, comme nous l'avons dit, un conglomérat de graviers consolidés par un ciment argileux, constitue un dépôt d'alluvion, et il y a tout lieu de croire que les gisements primitifs du diamant se rencontrent dans les mêmes terrains que les gisements des différents minéraux, qui sont associés au diamant dans le cascalho. Il y a donc un intérêt capital à étudier, avec un grand soin, les minéraux qui sont les satellites habituels du diamant, car cette étude est une des plus propres à éclairer sur les origines encore fort obscures de la plus précieuse des gemmes.

Les minéraux les plus importants sont le quartz, les oxydes de titane, le fer titané, la tourmaline, les phosphates, la fibrolite, le fer oligiste octaédrique ou martite, et la magnétite. On rencontre aussi, mais en moins grande abondance, le grenat, le sphène, la staurotide et l'or.

Les terrains dans lesquels on rencontre des alluvions diamantifères sont formés de quartzites à mica vert avec couches de schistes intercalées, dont nous avons parlé plus haut. Ces quartzites sont traversés par un grand nombre de filons de quartz, contenant du fer oligiste, des oxydes de titane, des tourmalines, en un mot, presque tous les minéraux qui accompagnent habituellement le diamant dans le cascalho.

Il est donc naturel de penser que les quartzites à mica vert doivent également contenir le gisement originel du diamant. Or, on a rencontré à Grâo-Mogol des diamants dans des couches de quartzite et à Saint-Jean de Chapada on exploite le diamant dans des couches d'argile nettement stratifiées, et en stratification concordante avec les quartzites dans lesquels elles sont intercalées. Ces couches d'argile ont été produites, selon toute probabilité, par la décomposition des schistes intercalés, et les diamants qu'on y rencontre présentent des faces rugueuses et des angles entiers, ils n'ont donc subi aucune modification due à un frottement ou à une trituration quelconque.

Il en est de même des oxydes de fer et de titane qui se rencontrent dans ces argiles. Il est par suite permis de tirer cette conséquence, qu'on se trouve en présence d'un gisement primitif et que le diamant a été apporté, comme les minéraux auxquels il est associé, sous forme de combinaison volatile, analogue à celles qui ont produit le fer oligiste, l'étain, les oxydes de titane, dont les reproductions artificielles ont été obtenues d'une façon si remarquable, pour le fer oligiste par Henri Sainte-Claire Deville, pour les oxydes d'étain et de titane par M. Daubrée, qui a réussi à reproduire également l'apatite et une combinaison analogue à la topaze. A l'appui de cette hypothèse, nous devons remarquer qu'en dehors des minéraux que nous avons signalés, comme les compagnons habituels du diamant dans le cascalho, M. Damour a constaté la présence de l'étain oxydé, de l'hydrophosphate d'alumine, du phosphate d'yttria titanifère, de la tantalite, de la baiérine, etc.

Puisque nous parlons des origines probables du diamant, il convient également de signaler les stries que l'on observe à la surface des *carbonados*, ou diamants noirs que l'on rencontre dans la province de Bahia.

M. Daubrée, après avoir reproduit ces stries, dans des expériences très ingénieuses, et démontré que le carbonado se strie avec facilité à la condition de frotter sur lui-même, en tire cette conclusion intéressante, que les morceaux, avant d'être épars et éloignés les uns des autres, comme ils le sont aujourd'hui, se sont trouvés en contact de manière à exercer des pressions mutuelles. C'est ainsi qu'ils ont peut-être frotté entre eux, dans l'intérieur des roches, où ils étaient enchâssés, avant qu'ils fussent poussés jusqu'à la surface du sol.

On rencontre le diamant dans la province de Minas-Geraes, autour de la ville de Diamantina, dans les ruisseaux qui alimentent le Jequitinhonha, le Rio das Velhas et le Rio-Doce; on le rencontre aussi dans la même province à Grâo-Mogol et à Bagagem.

Dans la province de Bahia, les principaux gisements de diamant sont ceux de Sincora et de Lençoès.

Les exploitations de diamant les plus importantes sont concentrées dans les deux provinces de Minas-Geraes et de Bahia : cependant on a trouvé des diamants dans la province de Parana, dans des Itacolumites ainsi que dans le lit et sur les rives du Tibagy ; on en a rencontré également dans les provinces de Goyaz, Matto-Grosso, São-Pedro-do-Rio-Grande-do-Sul et São-Paulo, mais dans aucune de ces provinces le diamant n'a été l'objet d'une exploitation sérieuse.

PIERRES PRÉCIEUSES AUTRES QUE LE DIAMANT

Outre le diamant, on rencontre au Brésil un grand nombre de pierres précieuses telles que les topazes, les béryls, les aigues-marines, les cymophanes, les grenats, les améthystes, les tourmalines noires, bleues ou vertes auxquelles on a donné le nom d'émeraudes du Brésil, les zircons, etc., etc.

Dans cette nomenclature, nous remarquons un grand nombre des minéraux que nous avons déjà signalés comme les satellites habituels du diamant, et ce caractère s'accentue encore dans les gisements de topaze, que l'on rencontre en filon dans les quartzites et les schistes métamorphiques, aux environs d'Ouro Preto, capitale de la province de Minas-Geraes, où la topaze est accompagnée d'oxydes de fer et de titane, de quartz et d'euclase. Le fluor a été l'agent le plus actif de la formation de ces différents gisements et le doute n'est plus permis à cet égard, depuis les belles expériences de M. Daubrée. On sait en effet que, pour ce savant géologue, les topazes ne sont pas des minéraux apportés tout formés du sein de la terre, mais, sont des produits de la décomposition des roches encaissantes, sous l'influence de vapeurs contenant du fluor. C'est ainsi qu'en faisant agir, sur de l'alumine calcinée et portée au rouge, des vapeurs de fluorure de silicium, il a pu obtenir un composé, présentant la plus grande analogie avec la topaze, dont il contient les quatre éléments. On observe aussi des gisements de topaze dans les provinces de Parana et de São-Pedro-do-Rio-Grande-do-Sul.

On rencontre des béryls, des aigues-marines, des cymophanes, des grenats, des améthystes près de la ville d'Arrassuahy dans la province de Minas-Geraes. Les gisements primitifs de ces divers minéraux, qui présentent la plus grande analogie avec ceux de la topaze, sont des filons de quartz et de pegmatite qui traversent des gneiss et des micaschistes ; mais ces minéraux sont surtout exploités dans les graviers des ruiseaux et dans les dépôts d'alluvion, qui s'étendent sur leurs rives. Des gisements des mêmes minéraux sont signalés dans les provinces de Parana et de Sâo-Pedro-do-Rio-Grande-do-Sul.

Le cristal de roche, que l'on trouve au Brésil à l'état de grande pureté et constituant des masses d'un volume considérable, fait l'objet de plusieurs exploitations importantes dans les provinces de Minas-Geraes, Goyaz, Sâo-Paulo et Parana.

On trouve des opales, des calcédoines, des agates et des jaspes dans presque toute l'étendue de l'empire ; mais ces minéraux sont surtout exploités dans la province de Sâo-Pedro-do-Rio-Grande-do-Sul.

GISEMENTS AURIFÈRES

On rencontre au Brésil un grand nombre
de filons de quartz aurifère. Ces filons sont
formés de roches quartzeuses, avec paillettes
d'or et de pyrite de fer, irrégulièrement dissé-
minées dans la masse. Les failles, qui ont
donné lieu à ces filons, ont été produites, suivant toute probabilité, par les mouvements
du sol provoqués lors du soulèvement des
Andes, mouvements qui ont été ressentis
dans toute l'Amérique du Sud, ce qui fait
remonter l'origine de ces filons à l'époque
tertiaire supérieure.

Ces failles ont été ensuite remplies par des
eaux fortement chargées en silice, qui don-
nèrent naissance à de puissantes actions geysé-

riennes. Ces actions, en se faisant sentir quelquefois à de grandes distances, sur la roche encaissante, dans le voisinage des filons, ont produit des gisements aurifères importants dans les itabirites et dans les quartzites. Ainsi, dans la province de Minas-Geraes, où ces filons quartzeux recoupent des itabirites aréneuses et friables, portant le nom de « Jacutingua », on voit cette roche imprégnée d'émanations aurifères sur une cinquantaine de mètres à droite et à gauche du filon. Dans les quartzites les imprégnations sont moins étendues et sont concentrées dans les épontes.

Dans la province de Sâo-Pedro-do-Rio-Grande-do-Sul, les filons aurifères sont constitués par des quartzites grenus, passant en certains points à des quartz compacts, très riches en pyrite de fer, et renfermant souvent des quantités considérables d'amphibole hornblende noire verdâtre. Dans cette région, les filons se groupent autour de deux directions principales (O.-20°-S. et O.-20°-N.), et ont une teneur moyenne de 30 à 40 grammes d'or à la tonne.

A côté de ces filons quartzeux, on rencontre dans la province de Minas-Geraes, recoupant les gneiss et les schistes, des filons qu'on désigne habituellement sous le nom de filons pyriteux. Ils sont constitués par une roche à grains fins, formée de quartz et de pyrite arsenicale, dans laquelle l'or est régulièrement réparti dans toute la masse en éléments indiscernables ; on y trouve également du carbonate de chaux, de la sidérose, de la pyrite de cuivre, de la pyrite magnétique, de l'amphibole, du grenat, du mica, de la tourmaline. On n'observe pas dans le voisinage de ces filons, qui n'ont été rencontrés que dans des roches imperméables, telles que les schistes et les gneiss, et qui ne traversent point de roches perméables comme les quartzites et les itabirites, ces effets d'imprégnation que nous avons signalés dans les roches encaissantes des filons quartzeux, et qui sont souvent suffisamment développés et suffisamment riches, pour permettre des exploitations fructueuses. En dehors de ces différents gisements, on a rencontré l'or dans des poches d'argile rouge, nommées bugres, au contact des itabirites et des quartzites.

Enfin, il existe un grand nombre de dépôts d'alluvion produits par la réduction des roches en fragments plus ou moins menus, sous l'action d'eaux de pluie et des cours d'eau plus ou moins rapides. Ces phénomènes d'érosion ont présenté leur maximum d'intensité à l'époque quaternaire et leur effet a provoqué une véritable préparation mécanique; les micas et argiles, c'est-à-dire les parties les plus légères, entraînés ont été se déposer au loin en des points où le mouvement des eaux était suffisamment ralenti, tandis que l'or s'est concentré en des points plus rapprochés, ce qui a donné naissance à des couches de sables aurifères assez riches pour être avangeusement exploitées.

Les principaux gisements de la province de Minas-Geraes sont situés dans le bassin supérieur de San-Francisco, à Morro de Santa-

Anna, où l'on exploite l'or dans une couche de Jacutinga, qui contient une quinzaine de grammes d'or à la tonne ; à Morro-Velho, où un filon pyriteux, de huit mètres de puissance et d'une teneur moyenne de 30 à 40 grammes d'or à la tonne, recoupe verticalement des couches de schistes ; à Pary, où l'on rencontre un filon-couche de minerai pyriteux, de 2^m à $2^m,50$ de puissance et contenant 30 à 40 grammes d'or à la tonne ; à Passagem, où se trouve aussi un filon-couche présentant les mêmes caractères que celui de Pary.

Dans la province de São-Pedro-do-Pio-Grande-do-Sul, les principaux gisements aurifères sont signalés à Don-Pedrito, Caçapava, Rio-Pardo, Santa-Maria, Cruz-Alta, San-Gabriel et Piratinim. Dans la province de Maranhâo, on peut citer les districts de Turyassú et de Maracassumé.

Enfin, on trouve de l'or dans un grand nombre de provinces de l'empire et nous nommerons particulièrement les provinces de Bahia, Piauhy, Goyaz, Matto Grosso, Ceara, Parahyba, Pernambuco, São-Paulo, Paraná et Santa-Catharina. On a également remarqué la présence de l'or dans la chaîne d'Itabayana dans la province de Sergipe. Mais tous ces points ont été encore peu explorés et il est certain que l'avenir réserve bien des surprises aux ingénieurs qui visiteront ces immenses territoires encore si peu connus.

MINERAIS DE FER

Lorsque nous avons parlé plus haut de la constitution géologique du Brésil, nous avons constaté la présence d'une roche, désignée sous le nom d'itabirite, qui recouvre des étendues considérables. Or ces itabirites forment d'immenses dépôts de fer oligiste, constituant un excellent minerai de fer à 3 ou 6 pour 100 de gangue quartzeuse, et contenant parfois plus de 9 pour 100 de manganèse. Quand ces roches sont compactes et dures, elles portent le nom de *Pedra de ferro*, et quand elles sont aréneuses et friables, celui de *Jacutinga*. Les Jacutingas sont souvent imprégnées par les émanations aurifères, ainsi que nous avons eu occasion de le faire observer. Le fer oligiste de ces roches se trouve à l'état micacé, spéculaire ou compact.

Enfin il convient de signaler au pied de ces gisements de fer oligiste l'existence d'une roche arénacée, la *Canga,* qui n'est autre qu'un conglomérat formé par des morceaux de diverses roches de fer oligiste, reliés par un ciment d'hématite rouge.

Tous ces minerais sont de qualité supérieure, forment des gisements pour ainsi dire inépuisables, et sont d'une exploitation facile; c'est donc un des principaux éléments de richesse de l'empire, car on rencontre les minerais de fer en abondance dans presque tout l'intérieur et en particulier dans les provinces de Minas-Geraes, de Sâo-Paulo, de Sâo-Pedro-do-Rio-Grande-do-Sul, de Paraná, d'Alagoas, de Ceará, de Rio-Grande-do-Norte et de Parahyba.

GISEMENTS CUPRIFÈRES

Dans la province de São-Pedro-do-Rio-Grande-do-Sul on observe, dans des porphyres très chargés d'amphiboles, des filons nombreux de diorite et d'amphibolite, c'est-à-dire de roches qui sont considérées comme ayant été les véhicules les plus habituels des minerais de cuivre ; il n'est donc pas surprenant de rencontrer, dans cette région des gisements cuprifères en relation avec ces roches. On exploite en effet des filons de cuivre très riches sur les rives du Quaraim, à Santo-Antonio das Lavras et à Caçapava. Dans cette dernière localité le minerai de cuivre est généralement argentifère.

En dehors de cette province on a également

constaté l'existence de gisements de cuivre
dans les provinces de Matto-Grosso, Goyaz,
Minas-Geraes, Bahia, Maranhâo et Ceará;
mais aucun d'eux ne fait encore l'objet d'une
exploitation.

GISEMENTS PLOMBIFÈRES

On rencontre au Brésil de nombreux gisements de galène qui, le plus souvent, est argentifère.

Les plus connus sont ceux d'Yporanga, de Sorocaba et de Xiririça dans la province de San-Paulo, de la chaîne d'Araripi et d'Ibipada dans la province de Ceará, des provinces de San-Pedro-do-Rio-Grande-do-Sul, de Rio-de-Janeiro, de Parahyba-do-Norte, de Bahia, de Santa-Catharina, de Maranhão et de Piauhy. Mais les gisements les plus remarquables sont ceux de la province de Minas-Geraes, dont le plus important se rencontre sur les rives du fleuve Abaeté. On y trouve en effet deux filons de galène, à gangue calcaire, d'une faible puis-

sance (7 centimètres environ); mais ces ga-
lènes sont très argentifères et contiennent environ 200 grammes d'argent aux 100 kilogrammes de plomb, ce qui a permis d'en
entreprendre l'exploitation, malgré la difficulté
des transports. On a encore observé dans la
même province deux autres gisements de galène, l'un à gangue quartzeuse aux environs de
Diamantina et l'autre dans le voisinage de
Sumidouro.

GISEMENTS DE COMBUSTIBLES MINÉRAUX

Nous avons signalé, au commencement de cette étude, l'existence du terrain carbonifère, et nous avons dû constater la grande analogie qu'il présente avec les bassins houillers de l'Amérique du Nord.

Des gisements de houille ont été rencontrés sur plusieurs points de l'empire, mais nous ne citerons que les plus importants.

Dans la province de Sâo-Pedro-do-Rio-Grande-do-Sul, on remarque le gisement de Caudinta et d'Arroio-dos-Patos; dans la même province, le terrain houiller a été également suivi de Camarquâ au Cahy. dans les districts de Cachoeira et de Caçapava.

Dans la vallée l'Amazone, près de Manaos,

on peut affirmer l'existence d'importants gisements.

Dans la province de Santa-Catharina, on trouve de la houille de bonne qualité à Tubarâo, à Ararangua et dans leurs environs.

Outre la houille, il y a d'abondants dépôts de lignite, parmi lesquels nous pouvons nommer ceux des provinces de Sâo-Paulo, de Sâo-Pedro-do-Rio-Grande-do-Sul, de Marianna, de Minas-Geraes et des rives de la Parahyba do Sul.

Nous devons encore citer les gisements de schistes bitumineux de la côte méridionale de la province de Bahia, où ils font l'objet d'une exploitation, et ceux de Camaragibe dans la province d'Alagoas.

On voit, par ce qui précède, que les combustibles minéraux ne manquent pas au Brésil, ce qui assure son avenir industriel. Malheureusement le développement, encore insuffisant des voies de communication, retarde seul la mise en valeur de l'un des facteurs les plus importants de l'industrie.

GISEMENTS DE DIVERSES NATURES

Nous venons de décrire les principaux gisements minéraux du Brésil, mais nous ne devons pas passer sous silence d'importants dépôts de sel gemme que l'on rencontre dans les provinces de Matto-Grosso et de Goyaz sur les rives de l'Ivahy; dans la province de Cearà, le long de la chaîne d'Urupuretama jusqu'à celle de Meruoca ; dans les provinces de Parana, de Bahia, de Piauhy et de Minas-Geraes.

On a également trouvé, en plusieurs points, du salpêtre et de l'alun.

Nous ne nous étendrons pas sur les matériaux de construction que l'on rencontre dans tout l'empire ; nous nous contenterons de signaler les marbres de toutes nuauces du Rio-Grande, exploités dans la province de Saô-Pedro-do-Rio-Grande-do-Sul, les kaolins des provinces de Rio-de-Janeiro et de Parana, et enfin dans la province de Saô-Paulo des calcaires intercalés dans des schistes argileux bitumineux près de Taubaté. Ces calcaires qui permettent de fabriquer d'excellent ciment hydraulique, forment à travers toute la province une large ceinture en passant par Rio-Claro, Limeira, Piracicaba, Tiété, Tatuby et Itapetininga.

ÉTAT ACTUEL DE L'INDUSTRIE MINÉRALE

Après avoir décrit la nature et le mode de gisement des principaux minéraux du Brésil, nous nous proposons de donner un aperçu de l'état actuel de l'industrie extractive, en décrivant sommairement les divers procédés actuellement employés dans l'exploitation des minerais et dans leur traitement métallurgique.

EXPLOITATION DU DIAMANT

Nous avons vu précédemment que les gisements diamantifères se rencontrent soit dans le lit des rivières, soit sur leurs rives, soit sur les hauts plateaux.

Les deux premiers gisements, qu'on ne peut exploiter qu'en saison sèche, s'appellent *lavias* de la saison sèche. Le dernier, pour la raison contraire, a pris le nom de *lavias* de la saison humide.

De tous ces gisements, les plus importants sont ceux des lits de rivière. L'exploitation des cascalhos de rivière se fait en desséchant cette dernière. A cet effet, on établit un barrage en amont et un barrage en aval, la partie supérieure est reliée à la partie inférieure du cours d'eau par un canal de dérivation, fait en planches et en pilotis, tel que celui d'Acaba-Mundo, qui avait 140 mètres de long, $5^m,20$ de large avec un débit de 4 500 litres à la seconde et une vitesse d'écoulement de $2^m,25$. Bien des canaux de dérivation ont été faits à des dimensions beaucoup plus grandes. La mise à sec de la rivière se fait à l'aide de pompes, mues par la chute d'eau produite par le canal. Cela fait, on enlève le sable avec une *enxada*, espèce de houe, et l'on met le cascalho à découvert, en faisant sauter, à la poudre, les rochers qui le recouvrent.

Comme on le voit, ces travaux préparatoires ne laissent pas que d'être très onéreux ; de plus, l'exploitation ne peut donner que trois mois environ, du 15 mai au 15 août, période sèche dans cette partie du Brésil. Après ce délai, arrivent les pluies qui gonflent tellement les rivières, que les barrages sont détruits et les excavations inondées : aussi exécute t-on souvent l'exploitation en plusieurs campagnes.

Quant aux cascalhos des rives, le mode d'extraction est des plus simples, il se fait comme précédemment, mais on n'a plus besoin de détourner le cours de la rivière.

On accumule en tas les cascalhos pendant toute la durée des travaux, pour être traités ensuite. Ce traitement consiste en plusieurs opérations successives.

On commence par le débourbage; dans des bassins peu profonds traversés par un courant d'eau, on piétine et on agite le minerai, on le débarrasse ainsi du sable et de l'argile.

De là on envoie le cascalho au bac, petit bassin carré de 1 mètre sur $0^m,40$ de profondeur fermé sur trois côtés, le quatrième étant ouvert; vis-à-vis de ce dernier, se trouve un second bassin plein d'eau.

Le premier bac est incliné du côté fermé, un homme placé dans le deuxième jette de l'eau sur le plan incliné, opérant ainsi le lavage qui sépare le sable et les grosses pierres apparaissent à la surface. Enfin un deuxième lavage à la battée est commis aux soins de laveurs habiles, le minerai plus pesant reste au fond et le diamant au contraire vient au-dessus.

L'exploitation des gisements des hauts plateaux n'offre rien de particulier, elle se fait avec un outillage des plus primitifs et présente seulement l'avantage de pouvoir être conduite sans interruption.

EXPLOITATION DE L'OR

Comme nous l'avons exposé plus haut, l'or
se rencontre soit en filon, soit dans les Jacotingas, et le mode d'exploitation et de traitement diffère dans les deux cas.

Nous nous occuperons d'abord des minerais provenant soit des filons quartzifères, soit
des filons pyriteux.

Au sortir de la mine, le minerai est con-
cassé, trié et envoyé sous des bocards donnant environ 60 coups à la minute, où il se
réduit en poudre très fine; il sort des bocards
pour être jeté sur des tamis en cuivre, qui présentent des vides ne dépassant pas un demi-
millimètre; de là il passe sur les tables dormantes. Ces dernières sont de deux genres :

les unes rectangulaires, de 0^m,25 à 0^m,30 de large, et d'une inclinaison de 0^m,08 par mètre; les autres, en forme de prisme triangulaire, sont mobiles autour d'un axe, de façon à ce que leurs faces puissent tourner et prendre la position convenable au lavage. Un premier passage sur les tables dormantes donne une matière riche, envoyée de suite à l'amalgamation. Ce résidu est pulvérisé par des arastras identiques à celles employées dans les exploitations du Mexique.

La poudre fine, sortant de ces appareils, passe à une seconde série de tables dormantes, qui donnent une matière enrichie qu'on envoie à l'amalgamation, et un sable pauvre contenant encore une quantité d'or appréciable, mais qu'on ne recueille plus et qui est enlevé à l'état de boue.

L'amalgamation se fait dans des tonneaux du type de ceux de Freyberg ; ils ont 0^m,91 de diamètre, 1^m,50 de long et font environ 14 tours par minute. On y met 8 à 900 kilogrammes de minerai et 20 à 22 kilogrammes de mercure ;

ces deux produits restent en contact vingt-quatre heures. L'amalgamation est complétée dans des caisses rectangulaires, contenant de 100 à 150 kilogrammes de mercure, et dans lesquelles on envoie le premier amalgame formé. Ces caisses elles-mêmes sont munies de couvercles animés de mouvements de va-et-vient; à ces couvercles sont fixées des cloisons verticales, munies de pointes de fer. Ces mouvements de va-et-vient produisent un malaxage, qui favorise la dissolution de l'amalgame dans le mercure.

Après ces différentes opérations, il ne reste plus qu'à distiller le mercure, ce qui se fait dans des fours à cornues ordinaires.

Tel est, dans son ensemble, le principe de ce traitement métallurgique qui permet d'extraire 75 pour 100 de l'or contenu dans des minerais dont la teneur varie de 30 à 40 grammes à la tonne.

Dans les gisements de jacotingas, comme l'or est très irrégulièrement disséminé dans la masse, on dirige l'exploitation vers les points les plus riches, en faisant journellement des essais sur le front d'extraction. Au sortir de la mine, le minerai est jeté sur des grilles en fer retenant seulement les gros rognons quartzeux, qu'on pile à l'aide de bocards, tandis que la partie pulvérulente passe aux trommels, suivis de cribles à pistons, et enfin sur des tables dormantes. On fait trois passages, afin d'enrichir de plus en plus le sable, et l'on procède alors au lavage à la battée dans les conditions ordinaires. L'or, ainsi extrait, se montre à l'état de paillettes et de pépites, qu'on livre aux fondeurs. Ce procédé donne un très bon rendement.

SITUATION DE L'INDUSTRIE SIDÉRURGIQUE

Nous avons vu que les minerais de fer d'excellente qualité abondent au Brésil; le plus souvent ces gisements se rencontrent dans le voisinage des forêts, aussi les usines à fer sont-elles en très grand nombre; mais elles sont peu importantes, et chacune d'elles ne pro luit pas annuellement plus de 20 à 30 tonnes de fer marchand. On emploie, dans ces usines, la méthode de réduction directe du minerai, soit dans des bas foyers, soit dans des fours analogues aux fours à loupe ou *stückofen*.

Ces différents procédés consistent à réduire le minerai par l'oxyde de carbone et le charbon solide, puis à élever la température jusqu'au point où la gangue, combinée à une certaine proportion d'oxyde de fer non réduit, se transforme par fusion en scories de forge.

Dans les forges où le traitement se fait au bas foyer, on applique la méthode italienne. La formule de travail est identique à celle de la méthode catalane, mais ce qui la caractérise c'est la faiblesse des charges traitées dans chaque opération. On traite environ 100 kilogrammes de minerai en morceaux, en grenailles ou en poussières, et on produit des loupes de 40 à 45 kilogrammes. Comme on opère sur des minerais, d'une teneur en fer de 60 à 65 pour 100, on se rend compte de l'importance des pertes.

La loupe produite est cinglée sous un marteau à soulèvement, du poids de 100 à 120 kilogrammes et battant 100 à 120 coups par minute.

Pour le corroyage, la loupe cinglée est réchauffée dans un angle du bas foyer pendant la réduction de la charge suivante.

La faiblesse des matières traitées rend le

travail facile, en même temps qu'elle permet de l'interrompre pendant la nuit, sans de trop grands inconvénients. Trois ouvriers peuvent ainsi produire par jour 120 kilogrammes de fer avec une consommation de 500 à 600 kilogrammes de charbon de bois.

Si défectueux que soit ce mode de traitement, il présente un progrès marqué sur celui des fours à loupe et on ne compte encore qu'un petit nombre de forges italiennes. Dans la plupart des usines, on se sert pour la réduction du minerai, de petits fours à cuve, analogues aux stückofen employés autrefois en Styrie et en Carinthie, et que l'on rencontre encore aujourd'hui en Finlande. Ces fours sont connus au Brésil sous le nom de *cadinhos*.

Ces cadinhos peuvent être comparés aux stückofen, comme les bas foyers italiens aux bas foyers catalans; ce qui les caractérise, c'est la faiblesse des dimensions, d'où résulte une diminution importante dans le poids des matières en traitement.

Les cadinhos, construits en granite ou en quartzite, ont de 1 mètre à 1^m,20 de hauteur, avec une section de 25 à 30 centimètres de diamètre. En avant est une ouverture de 0^m,30 sur 0^m,30 ; cette ouverture, dont la base est au niveau du fond du fourneau, est bouchée avec du poussier de charbon et en face se trouve la tuyère à 0^m,20 au-dessus du sol.

Le travail est intermittent, on remplit le fourneau de charbon de bois, on y met le feu, on donne le vent ; puis on charge alternativement un kilogramme de minerai pulvérulent et humide et du charbon de bois, de façon à maintenir toujours le charbon au niveau du gueulard. Le minerai descend et se réduit en partie, mais le fer n'est pas assez riche en carbone pour entrer en fusion. Il se forme donc une loupe et une scorie ferrugineuse.

Après une heure et demie à une heure trois quarts, on a passé 30 à 40 kilogrammes de minerai, et on trouve au fond du fourneau une loupe que l'on cingle sous le marteau.

La loupe cinglée est réchauffée dans un feu de forge ordinaire, puis on procède au corroyage. On produit ainsi dans chaque opération 7 à 8 kilogrammes de fer en barre, ce qui ne donne qu'un rendement de 22 pour 100, alors que l'on part d'un minerai à 65 pour 100.

L'importance des pertes est due à l'imperfection de la réduction, la loupe produite étant entourée d'une couche de minerai mal réduit.

On peut faire trois à cinq opérations par jour et par four (il n'y a pas de travail de nuit); la consommation de charbon de bois est considérable, environ 7 à 800 kilogrammes par 100 kilogrammes de fer produit. Un fondeur et son aide surveillent trois fours.

On voit combien les forges à cadinhos sont inférieures aux fours italiens; il est inutile d'insister plus longuement. Et cependant, avec des procédés de fabrication aussi défectueux, le prix de vente du fer marchand étant

très élevé et d'environ 520 francs par tonne,
les maîtres de forges arrivent à réaliser des
bénéfices de 250 à 300 francs par tonne, ce
qui ne représente pas un bien gros chiffre
pour chacun d'eux, étant donnée la faible production de chaque établissement.

AVENIR DE L'INDUSTRIE MINÉRALE AU BRÉSIL

Nous n'avons rien à ajouter à ce que nous avons dit relativement à l'extraction du diamant.

Quant au traitement métallurgique des minerais d'or, nous devons constater que les méthodes suivies au Brésil ne sont pas inférieures à celles qui sont appliquées sur les différents points du globe, et si nous avons dû signaler des pertes importantes sur l'or contenu dans les minerais pyriteux, il en est ainsi à peu près partout où l'on exploite des minerais de nature analogue.

Les différents procédés d'extraction de l'or sont encore bien imparfaits, surtout en présence des pyrites arsenicales, et à cet égard nous ne pouvons fo muler qu'un vœu, celui de voir les exploitants du Brésil maintenir leur industrie au niveau des perfectionnements nouveaux, au fur et à mesure de leur apparition.

Pour l'industrie sidérurgique, on a pu juger, par l'exposition que nous en avons faite, combien les procédés appliqués au Brésil sont encore primitifs. Si la méthode des cadinhos, qui est l'enfance de l'art, doit disparaître complètement et à bref délai, il n'en est pas de même du procédé italien, qui a sa raison d'être en beaucoup de points de l'intérieur, où les forêts sont abondantes et où les voies de communication sont rares et difficiles. Vouloir transformer le procédé italien en un procédé perfectionné, comme la méthode catalane, nous semble une erreur au Brésil, car les charges traitées dans chaque opération étant plus fortes, le travail serait plus pénible, plus compliqué, et il faudrait faire venir des ouvriers étrangers spéciaux, ce qui augmenterait considérablement le prix de la main-d'œuvre; le travail ne pourrait pas être interrompu la nuit; enfin les installations, étant plus importantes, exigeraient un capital plus élevé. Pour toutes ces raisons nous pensons que le type des forges italiennes doit être conservé encore pendant longtemps pour les petites usines répandues dans l'intérieur

Mais il y a lieu, à notre avis, d'établir quelques usines plus importantes produisant avec le fer de la fonte et de l'acier. L'État a besoin pour ses chemins de fer, pour sa marine, pour ses arsenaux, de fonte et d'acier, et un pays, qui possède les ressources minérales du Brésil, ne doit pas rester tributaire de l'étranger.

Tant que les gisements de combustibles minéraux n'auront pas été mis en exploitation, il ne faut pas songer à l'établissement de grandes usines, sur le modèle des usines de l'Europe ou de l'Amérique du Nord, car nous pouvons dire du Brésil ce que M. Lan, directeur de l'École Supérieure des Mines, a dit de la Suède, dans son remarquable rapport sur la métallurgie, à l'Exposition universelle de 1878 : — « Qu'on suppose un pays comme la Suède, riche en minerais les plus propres à l'obtention des aciers fins ou communs, mais dépourvu de combustible minéral, le seul combustible qui permette les concentrations d'approvisionnements en rapport avec la capacité productrice des nouveaux appareils ; — que dans ce pays, on érige des usines Bessemer outillées comme en Angleterre, en Allemagne, aux États-Unis, ou même simplement outillées au minimum de ce que veut cette fabrication nouvelle, et on aura créé une industrie condamnée à souffrir longtemps, sinon à périr. » Mais en se bornant à un rôle plus modeste, il y a encore beaucoup à faire en utilisant les combustibles que fournissent en abondance et à bon marché les immenses forêts du pays.

Le type qui, à notre avis, devrait être adopté est le haut fourneau au bois avec production journalière d'une dizaine de tonnes. A une usine contenant un haut fourneau, on

pourrait adjoindre un atelier de moulage pour
la fabrication des objets en fonte moulée,
quelques bas foyers pour l'affinage au charbon
de bois de la fonte et la production du fer
marchand ; enfin un atelier pour la fabrication
de l'acier. Nous devons au sujet de cette dernière fabrication signaler la révolution qui se
produit aujourd'hui dans la fabrication de
l'acier Bessemer. A l'outillage puissant et
coûteux des anciennes installations, on sub-
stitue de petits convertisseurs d'une conte-
nance de 5 à 600 kilogrammes ; la Suède a
donné le signal de cette réforme, ainsi à l'usine
d'Avesta, près de Fahlun, appartenant au
Jern-Contor (comptoir de fer), on a résolu le
problème d'appliquer le procédé Bessemer à
peu de frais et de répondre, le plus écono-
miquement possible, aux besoins variables
d'une petite clientèle. Les ingénieurs travail-
lent à perfectionner ce nouvel outillage qui
permet d'établir des ateliers Bessemer pour
une cinquantaine de mille francs et de les
adjoindre aux fonderies de deuxième fusion

dans les centres industriels. Quant à nous, nous ne doutons pas que des ateliers établis sur ce nouveau type ne soient de nature à rendre les plus grands services au Brésil, pour la transformation en acier des fontes au bois.

R.R
Fra.d.
Mari
TO
Pira
Tur
l.

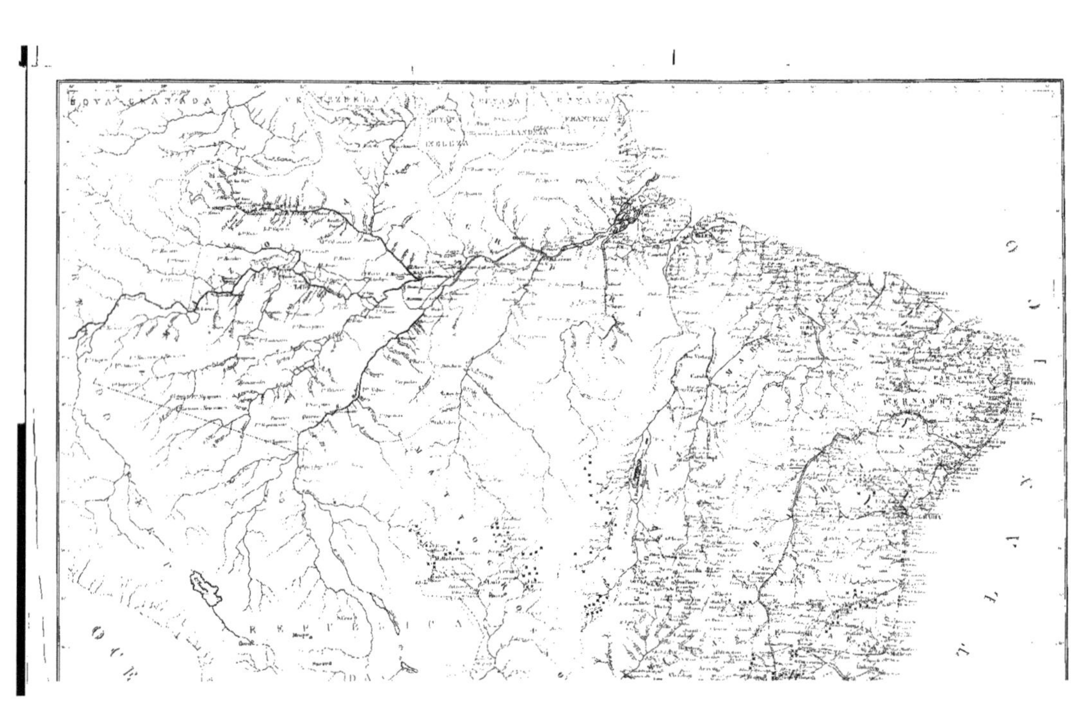

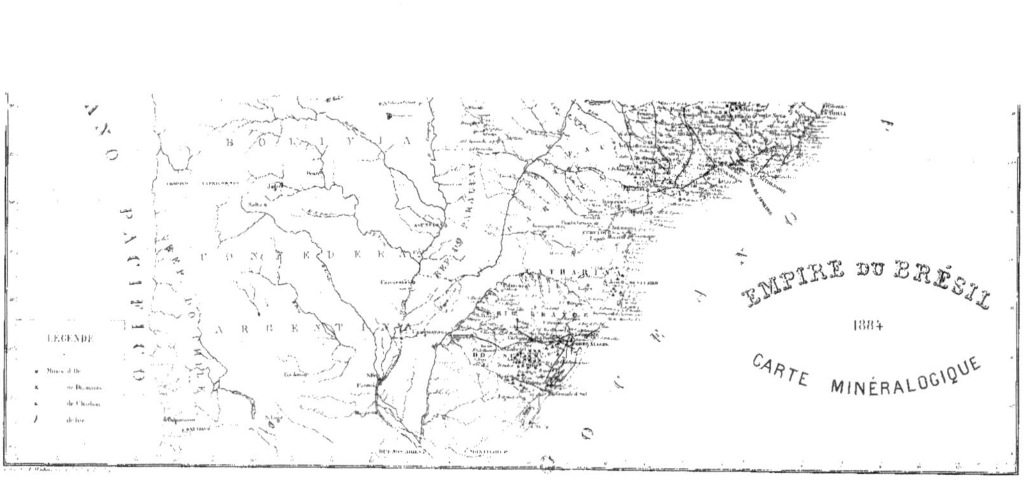

EMPIRE DU BRÉSIL
1884
CARTE MINÉRALOGIQUE
BOLIVIA
CONFEDERATION ARGENTINA
OCÉANO PACIFICO
LÉGENDE
OCÉANO ATLANTICO

TABLE DES MATIÈRES

11432. — Paris. — Imprimerie Générale A. Lahure, 9, rue de Fleurus.

9 782329 598369